院士带你去探索
科普绘本
（第三辑）

丛书主编　倪闽景
执行主编　宋　娴

我的貂邻居

科学顾问　王　放
作　　者　章佳敏　王　放
绘　　图　美丽科学

上海科技教育出版社

王放

复旦大学生命科学学院研究员,博士生导师

"上海科普大讲坛"第138讲《疫情之下,我们与野生动物的相处之道》演讲人

嗨！我是米娅，一名小学生，喜欢冒险和旅行，对世界充满好奇！

我有个非常厉害的"宝物"——神奇手表。神奇手表有许多奇特的功能：翻译动物语言、自动查找信息、对资料全息投影……最神奇的是，它能帮助我进行时间、空间，甚至思维的穿越！

汪汪！我是小Q，米娅的小伙伴，总是和米娅一起探险。我非常聪明，常常给米娅建议；偶尔也有些调皮，会制造一点小麻烦。

"今天的动物园之旅真有意思！"玩了一天的米娅回到家，躺在床上回味着白天的见闻。在奇妙的乡土动物园区里，有懒洋洋的小爪水獭、胆小谨慎的獐、像狗又像浣熊的貉，甚至还有威风凛凛的华南虎……

米娅从来不知道，原来脚下这片土地曾经生活过这么多可爱的动物朋友！

华南虎　赤狐　小天鹅　东方白鹳　白枕鹤　绿头鸭　震旦鸦雀

乡土动物

我们把土生土长的、现在或者曾经长期生活在某一地区的野生动物叫作该地的乡土动物。以上海为例，这里的乡土动物有欧亚水獭*、小灵猫、狗獾、獐、华南兔、赤狐、豹猫、华南虎、小麂、震旦鸦雀、东方白鹳、丹顶鹤、白枕鹤、鸳鸯、绿头鸭、黑水鸡、小天鹅，等等。

* 在上海土生土长的水獭是欧亚水獭，上海动物园展示的是与之相近的小爪水獭。

精疲力竭的米娅很快进入了梦乡。

梦中,她来到了一片美丽的湿地,昏暗的天色下透露着蓬勃的生机。近处的水面上漂着长条的"浮木",定睛一看,原来是仰躺在水面上的水獭。河边一只貉正在津津有味地吃鱼。不远处的芦苇丛中,隐隐约约透出獐的身影,米娅甚至看到了它那对尖尖的獠牙。远处森林中传来一阵窸窸窣窣的声音,一只豹猫刚刚走过。

湿地

湿地是永久或季节性被较浅的水所覆盖的独特自然环境。江河、湖泊、溪流、滩涂、沼泽、沿海浅滩、水稻田……都属于湿地。湿地拥有众多野生动植物资源,很多珍稀水鸟的繁殖和迁徙都离不开湿地。湿地有强大的生态净化作用,被誉为"地球之肾"。

正当米娅想深入森林中去探索更多奥秘时,耳边突然响起了妈妈的声音:"肉干怎么不见了?!"米娅猛地惊醒,想要闭上眼睛重新回到那个梦境,却怎么也睡不着了。

米娅索性起床，循着妈妈声音的方向走到阳台，看到爸爸妈妈都在阳台上。

"太奇怪了！除了肉干，什么都没丢。"妈妈一边清点东西一边疑惑道。

"我查过监控了，没有人进来，倒是看到了一小团黑影。"说着，爸爸的目光落到了小Q的身上。

小Q从来不掩饰自己的贪吃,还自封为"美食鉴赏家"。它自然成为"肉干失踪案"最大的"嫌疑犯"。

"小Q!"米娅连着起床气一起撒到了小Q身上,"罚你今天不许吃狗粮。"
小Q百口莫辩。连它自己也想不明白:到底是谁神不知鬼不觉地偷走了肉干?

"我虽然贪嘴,但君子爱吃,取之有道,我才不会做这种事呢!"小Q暗下决心,"一定要找到真正的小偷,还我清白!"

这天晚上,小Q整夜没睡。饥肠辘辘的它,努力地睁大眼睛盯着阳台。不出所料,凌晨2点,阳台突然出现了一个神秘身影——那身影冲着花盆而去!小Q"汪汪汪"吠了三声,一个箭步扑了过去。

可惜它还是慢了一步。那"大盗"一溜烟就不见了,只留下用作花肥的小龙虾壳撒了一地。

米娅被小Q的叫声吵醒,走到阳台。小Q兴冲冲地扑过来:"米娅,米娅,我找到'真凶'了!是一个黑黢黢的家伙!"

看着小Q两眼放光、一副沉冤得雪的样子,米娅才明白自己错怪了小Q。她决定明晚再放点肉干在阳台作诱饵,抓"真凶"一个现行!

第二天晚上,米娅和小Q一起埋伏在阳台上,可偏偏一直没有动静。难道是吸取了昨天的教训,"大盗"今天不来了?正当他们垂头丧气时,阳台传来了异响。

"它来了!"

有了昨晚的经验,米娅和小Q都没有轻举妄动。

 神出鬼没的貉

貉,学名为 *Nyctereutes procyonoides*,中国本土物种,犬科貉属的现存唯一物种,广泛分布于中国东部、中部和南部,以及日本、韩国等国家。

那"大盗"原来是一只戴着"黑眼罩"的蒙面大侠!"貉……貉……是貉!"米娅在心中惊呼道,但是她没有喊出声。一旁的小Q再一次以迅雷不及掩耳之势冲了出去。

"糟了,又要让它逃了!"米娅懊恼不已。

貉是一种羞怯又聪明的动物。进入人类社区的貉会找到门、窗户、地下室的缝隙,小心翼翼地溜进去觅食,"扫荡"结束后原路返回。从前,有人观察到家的周围生活着貉,又发现家里的东西时常不翼而飞,便形成了传说:貉会法术,它们会变成人的样子,偷走东西。

小Q一下子冲到了貉的面前，四目相对的一刹那，貉愣了一下，然后转身就逃。小Q叫住了它："等等！你是貉仔吧？你不认识我了吗？"

"小Q，是你？你怎么在这儿？"他乡遇故知，貉仔感到不可思议。原来小Q和这只貉早就认识。小Q曾经被人遗弃，三年前还在流浪。正是那时，它认识了貉仔。

"这里是我的家呀！这个人类女孩叫米娅，是我的主人。"两年前，小Q被流浪动物收容所救助，后来又被米娅收养，终于有了幸福的家。

 **流浪动物**

根据2021年的统计数据，我国流浪猫数量高达5300万只，流浪狗数量高达4000万只！这些居无定所的小动物自身状况堪忧，还有传播狂犬病、弓形虫病、包虫病等人畜共患病的风险。如果你正打算养一只宠物，请一定要慎重考虑，确认能够接受它可能带来的所有麻烦。一旦收养，请不要遗弃它们！

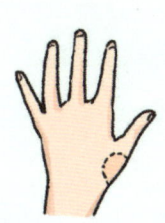
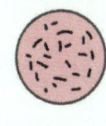
狂犬病毒

常见人畜共患病

狂犬病

人患狂犬病极大多数是被带狂犬病毒的动物咬伤或抓伤后感染的。

狂犬病毒会感染哺乳动物的中枢神经系统,最终导致大脑疾病和死亡。

弓形虫病

清理带虫卵的猫粪和食用未煮熟的肉、蛋、奶,是感染弓形虫的两种主要途径。健康的人在感染弓形虫后大多没有明显的症状,但弓形虫对孕妇和免疫功能受损的人非常危险。

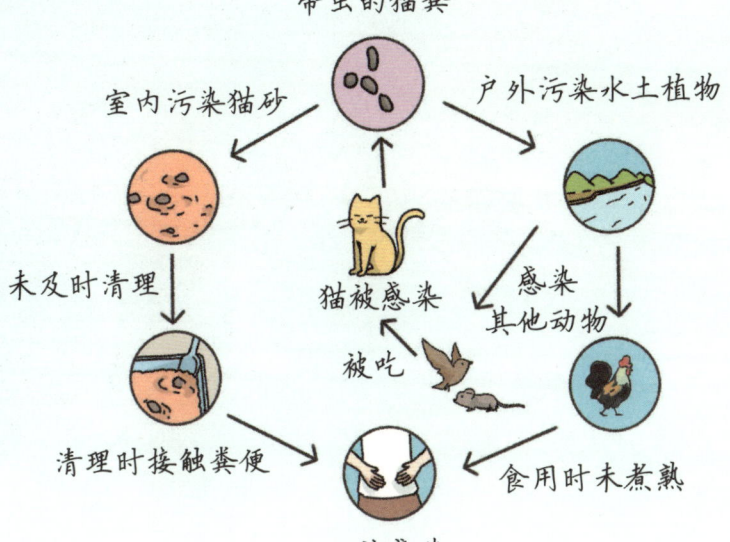

在决定养宠物前你需要考虑……

1. 你愿意陪伴它一生吗?
2. 你愿意承担可能产生的所有花销吗?
3. 你有足够的时间陪伴它吗?
4. 你愿意为它学习新的知识技能吗?
5. 你和你的家人会对宠物毛发过敏吗?
6. 你会耐心教导它吗?
……

"小Q你可真幸运！去年秋天，我在睡觉时被一声巨响震醒。出洞一看，到处都是发出'轰隆隆'声音的巨大机器，高耸入云的大树乱七八糟地躺在地上。一切都变了样，我的家被毁了！在一番慌乱中，我和家人走散了……"貉仔说起伤心往事，不由得落下泪来。

 **野生动物进城的原因**

原有栖息地被破坏是野生动物进城的主要原因之一。相比野外,城市环境更温暖,也有更多的食物和水源。因此,对于那些"神经大条"的动物,如果能适应城市环境,不害怕人类的灯光、噪音等干扰,就有机会在城市繁衍生息。

 "生而不养"是动物界的常态

放眼整个动物界,父母对幼崽悉心照料的是少数,"生而不养"才是常态。昆虫约占动物物种数量的80%,其中,除了蚂蚁、蜜蜂等社会性昆虫,绝大多数昆虫父母会在产卵后离开孩子。即使是亲子关系最密切的哺乳动物和鸟类,父母也大多会在幼崽阶段后,就将孩子"赶出家门"。亲子温馨或家庭团聚的场景大多出现在社会性动物身上,如川金丝猴、亚洲象和人类等。

小蝌蚪找不到它们的妈妈

要做国宝,不做"妈宝"

小Q凑近貉仔蹭了蹭它，安慰道："我从小就离开了爸爸妈妈。但是后来我想明白了，既然很难再团聚，就更要过好自己的生活，这才是给它们最好的礼物。"

"我知道，其实就算不是那场意外，我也终有一天要离开家人，但是……"貉仔知道分离是必然的，但是过早的、意外的分离使它伤心不已。

亚洲象"家庭"一般由母象和未成年小象组成。繁殖季节，成年公象会加入家庭。当遇到危险时，成年象会把小象围起来，保护它们。

好友重逢，貉仔和小Q有说不尽的话。貉仔说起从故乡到这儿一路上的见闻，分享它们共同好友的生活……

 **黄鼠狼**

黄鼠狼大名"黄鼬",在江湖上它们还有个响当当的名号——黄大仙。这是因为黄鼠狼有时会用后足"站起来"观察周围,看起来像在"看风水"。当然,这只是人们的臆想。

现实中的黄鼠狼是另一种意义上的"大仙"——个头不大,但战斗力超强!老鼠、野兔、鸟、蛇、蜥蜴、壁虎、蛙、鱼、虾、蚯蚓……它都敢于挑战,胜利后吞其下肚。但是,"黄鼠狼给鸡拜年"倒是不常见。

离开故乡后,貉仔遇到的第一位老朋友是黄鼠狼"大黄"。它们相遇的时候,大黄正叼着一只老鼠在路上狂奔。

"城里有很多食物,只要肯努力,就有吃不完的美食。"大黄对城市生活了如指掌。

"真的吗?"貉仔又惊又喜。

"当然!能找到食物的地方可不少!绿化带里有虫子和鸟,河里有鱼,池塘里有青蛙和蟾蜍,垃圾堆附近有老鼠……"

与大黄的这番对话,给了貉仔不少信心与期待。

"但黄鼠狼的生活方式似乎并不那么有代表性。与它告别后,我又遇到了狗獾'小猹',小猹口中的城市生活与大黄说的完全不同。"貉仔继续说。

"小猹怎么了?"小Q也很关心这位老朋友。

"黑夜里的它显得那么形单影只……它和我说了好多好多,说它恐惧人类,是人类害得它流离失所。它害怕夜晚的灯光,害怕机器发出的声响,害怕陌生的一切。"说起与小猹的相遇,貉仔怅然若失。

 **狗獾**

狗獾是打洞高手，通常獾子洞里有一个大房间、卫生间和几个小房间，还有好几个入口和出口。如此豪华的"别墅"会吸引其他动物入住，其中就包括不擅长打洞的貉。在上海，狗獾喜欢郊区的竹林环境，在林下打洞穴居。但随着城市的向外扩张，狗獾的生存空间被严重挤压，它们的生存状况也愈发艰难。

因土刺的猹，很有可能就是狗獾。

储藏室　主室　玩耍区　分室　育儿室　产房

小猹害怕夜晚的灯光，害怕机器发出的声响，害怕陌生的一切。

貉仔望向米娅，眼神里多了一分恐惧。

米娅马上说道："貉仔，你相信我……我绝对不会伤害你的。"

貉仔一路走来都非常谨慎，从未与人类"狭路相逢"。这是它第一次近距离接触人类。出于对小Q的信任，貉仔选择相信米娅。

此时，窗外传来了一声清脆的鸟鸣——天要亮了。貉仔急忙向米娅和小Q告辞，回到假山中。

 ## 貉在城市的藏身之所

貉可能生活在你身边这些地方：居民楼阳台下的裂缝、墙体的空隙、桥墩的裂缝、假山、储藏室、废弃的下水道等。

尽管几乎一夜未眠,第二天米娅还是精神百倍。她迫不及待地与爸爸妈妈分享貉仔的故事,但他们的反应却出乎意料。"……貉是野生动物吧?你可以和它成为朋友,但不能过于亲密。"妈妈耐心地对米娅说。爸爸则明确禁止米娅和貉接触:"你最好离它远一点,别把人类的细菌带给它们,也要提防野生动物身上可能有的病毒和寄生虫。和它们保持距离!"

大人的话总是令人费解。朋友哪有不亲密的呢?人类和动物之间怎么会相互传染疾病呢?

 ## 野生动物与传染病

人类 75% 以上的传染病源自野生动物。这些传染病一开始只在自然界传播，当传播到一定程度，就会偶发性地感染人类。例如，在非法狩猎、非法养殖野生动物时，病原体就可能从野生动物转移到人类身上。之后，其中一些病原体会不断增强对人体的适应性，从一个人传播到另一个……随着科技的发展、交通的进步，疾病的传播也变得全球化。

传染病是如何从野生动物传播到人类社会的？

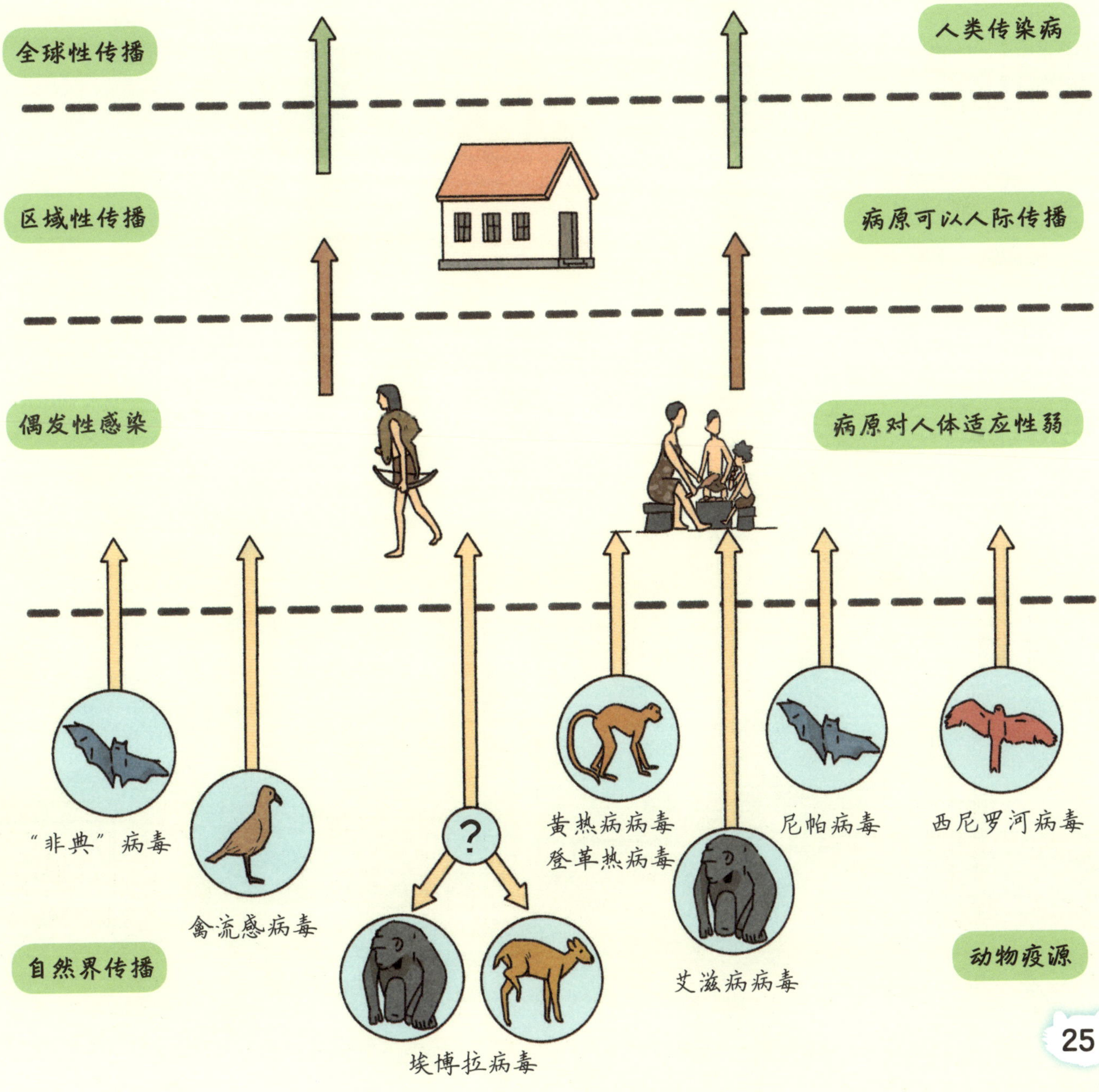

- 全球性传播
- 区域性传播
- 偶发性感染
- 自然界传播

- 人类传染病
- 病原可以人际传播
- 病原对人体适应性弱
- 动物疫源

"非典"病毒　禽流感病毒　埃博拉病毒　黄热病病毒 登革热病毒　艾滋病病毒　尼帕病毒　西尼罗河病毒

米娅没有把爸爸妈妈的话放在心上，她想：只要我不摸貉仔，就不能算亲密吧？

经过一段时间的观察，米娅发现貉仔总是喜欢在夜色降临后出门。现在虽已是初春，但小区里的食物并不多，貉仔经常在小河里抓鱼虾，在花园里掘土抓蚯蚓、昆虫。有的时候，米娅会趁着遛狗，拿上小渔网、沙滩用的小铲子，和小Q一起帮着貉仔捕捉食物。

貉仔刨过的地总是乱糟糟的，米娅悄悄把地铺平，尽可能让它保持"隐姓埋名"的状态，保护貉仔的安全。

 **貂的食性**

　　和其他犬科动物相比，貂更加杂食。貂有着更长的肠子以及相对不那么锋利的牙齿。貂的食谱庞大，包括小型啮齿类、蛙类、鸟类、鱼类、昆虫、软体动物、腐肉和各种掉在地上的果子。广泛的食物来源意味着貂有着更强的环境适应性。

对于米娅来说,这是一段奇妙的经历。在貉仔无意识地引导下,米娅发现,即使在春寒料峭的时节,方寸的土壤里也有很多形态各异的昆虫;即使小河看起来平静而毫无波澜,水面之下的生灵也不少——有些鱼儿不像锦鲤那样夺目,不认真看还真发现不了它们。米娅还发现,鸟儿喜欢在清晨和黄昏"开大会",叽叽喳喳,好不热闹。

上海鸟类的"四大金刚"

在上海,树麻雀、白头鹎、珠颈斑鸠和乌鸫是最常见的鸟儿邻居。

树麻雀

白头鹎

树麻雀是上海分布最广、数量最多的鸟儿,它们走起路来蹦蹦跳跳,立在枝头叽叽喳喳。

白头鹎因黑脑袋上有一撮白毛而得名,它以嘹亮的歌喉称霸上海滩。

珠颈斑鸠

珠颈斑鸠会自己筑巢,但有时会占用其他鸟类的巢,真可谓"鸠占鹊巢"!

乌鸫

乌鸫不是乌鸦,乌鸦从头黑到脚,而乌鸫喙部和眼圈是黄色的。

随着天气渐渐转暖,貉仔变得躁动不安。它在小区的各个角落都留下了特殊的气味标记,似乎想要向同伴传递什么重要情报。它的活动范围也更广了,常常在夜晚外出,去到很远的地方。

小Q偷偷告诉米娅:"貉仔一定是想恋爱了!"

这天,米娅和小Q找到了貉仔。貉仔满脸羞涩地告诉他们,它找到了自己的"梦中貉"!

据说,那位漂亮的貉姑娘就住在1000米外一个小区的地下室里。貉仔登门"求婚",可貉姑娘还是犹豫不决。貉仔很苦恼:怎样才能打动貉姑娘呢?

 动物的"语言"

动物的语言不仅包括听到的信息,也包括看到、嗅到和感觉到的信息。

声音

动物可以通过发声器官或者敲击其他物体来发出声音,进行交流。

例如,当川金丝猴遇到危险时,它们会发出"咔咔咔"的刺耳声响来传递警报。

视觉

动物可以通过展示自己的颜色和形态进行通信。

例如,雄性孔雀开屏炫耀绚丽羽色,以提升自己的吸引力。

嗅觉

动物可以用气味传递信息。

例如,狗总喜欢东闻闻、西嗅嗅,这是在仔细"阅读"其他狗留下的消息呢!

触觉

动物可以用身体接触来传达信息。

例如,猕猴之间有很多接触行为,包括理毛、拥抱等示好行为。

这天是妈妈的生日,米娅用攒了好久的零花钱给妈妈买了水果蛋糕。正当她带着蛋糕回家,貉仔忽然冲了出来,一双水汪汪的眼睛直勾勾地盯着蛋糕,眼神里满是渴望。

"可这是我送给妈妈的生日礼物。"米娅向貉仔解释道。

"昨晚我和貉姑娘的另一个追求者决斗到凌晨都没分出胜负。这个蛋糕也许是我最后的机会了。"貉仔恳求道。

米娅犹豫再三,最后把蛋糕给了貉仔。接过蛋糕的貉仔,头也不回地飞奔离去。

动物的求偶行为

动物的求偶行为受到基因和激素水平的控制。同性争斗、展示体格、分享食物等都是典型的求偶行为。求偶行为有时会带来一定的风险,但是为了基因的延续,求偶者必须展现出最勇敢、最具吸引力的一面。

第二天,米娅和小Q发现貉仔不再形单影只。看来,美味的蛋糕赢得了貉姑娘的"芳心"。

米娅主动和新婚的貉夫妇打招呼。貉仔又惊又喜,它原以为米娅会因为它的自私而生气呢!

面对貉仔的道歉,米娅笑着说:"昨天我和爸爸一起做了个蛋糕送给妈妈,妈妈说这是她收到过的最好的生日礼物。"

皆大欢喜的结局让貉仔松了一口气。这时,貉姑娘有点不好意思地问米娅:"米娅,以后你吃剩的食物能分一点给我们吗?"

米娅有些犹豫,她担心爸爸妈妈不同意。小Q主动向貉夫妇保证,可以把自己的狗粮分给它们。

此后，米娅每天都会在假山附近放一勺狗粮。这勺狗粮就像一个信号弹，成功"召唤"出貉夫妇。

不久，貉姑娘怀孕了，对食物的需求量更大了。米娅叫上她的朋友们，把家里的猫粮、狗粮和剩饭剩菜等都拿到假山附近来了。

动物的学习能力

学习不是人类的特殊能力，动物也会学习。貉夫妇从不敢接近人类到敢在人类脚下吃东西，就是一个学习的过程。如果每一次人类出现，貉都会因此获得更多的食物，那么貉"接近人"的行为就会不断得到强化。

面对这些好心人的帮助，貉夫妇一开始比较谨慎，等人走远了它们才会出来吃食。但没过多久，它们便确认这些人并不会伤害它们。人不多的时候，貉夫妇甚至还会直接在好心人的脚边吃东西。

就这样，貉夫妇变得越来越亲近人类，也吸引了越来越多的人投喂。它们过上了"吃了上顿，不愁下顿"的幸福生活。

可是，宝藏永远不会专属于谁，特别是一处源源不断的宝藏。

假山"食堂"像磁铁一样，吸引了周围小区的流浪猫和貉。随着更多动物的到来，投喂流浪猫和野生动物的居民们热情高涨。

他们说："我们小区的生态环境真好，就像个社区动物园一样。"

可米娅却感觉到了一丝担忧，因为她还听见另外一些声音。

貉比野猫还讨厌，黑黢黢的，真不知道带了多少病毒……

晚上总有小动物打架，吵得我睡不着。

 城市野生动物泛滥引发的危机

　　放眼全球，野生动物与人类在城市"狭路相逢"并非罕事：美国的浣熊和白尾鹿，加拿大的美洲棕熊和北极熊，德国的野猪，英国的赤狐……进入城市的野生动物会破坏建筑物，损坏草坪和栅栏，翻找垃圾桶，还会传播传染病，引发交通事故。然而，人类与其指责它们误入城市，不如反思一下自身对于野生动物栖息地的肆意侵占行为。

浣熊翻找垃圾桶

野猪破坏草坪

美洲棕熊引发交通事故

四月初，貉夫妇的孩子们出生了。第一次当妈妈的貉姑娘变得敏感警惕，不许任何人靠近宝宝。貉仔为了养家糊口，努力在外打拼。它不仅要和其他貉争抢食物，还要面对流浪猫的霸道掠夺。投喂的食物一旦出现，就会遭到疯抢。

这样激烈的竞争,使得貉之间出现了一些奇妙的关系。向来独来独往的貉仔忽然认识到了结交朋友的重要性。它必须和"盟友"联合,去和其他貉及流浪猫争夺食物。

貉的社会性

2021年,复旦大学的研究团队观察到了三只母貉轮流为一只小貉哺乳的"义亲抚育"行为。此前,研究团队还观察到过成年貉之间的合作行为。此前被认为是独居动物的貉,很可能出现了某些社会性动物的特质。

这天,爸爸答应米娅会带她最爱的蜜汁鸡腿回家。傍晚时分,家里门锁声一响,米娅便冲了过去:"爸爸,鸡腿呢?"

爸爸叹了口气说:"鸡腿……被貉抢走了!"

"什么?被貉抢走了?"米娅简直不敢相信自己的耳朵。同时,细心的她发现,爸爸的手背有几道细细的伤痕。

"爸爸,你手怎么了?"米娅更加激动了。

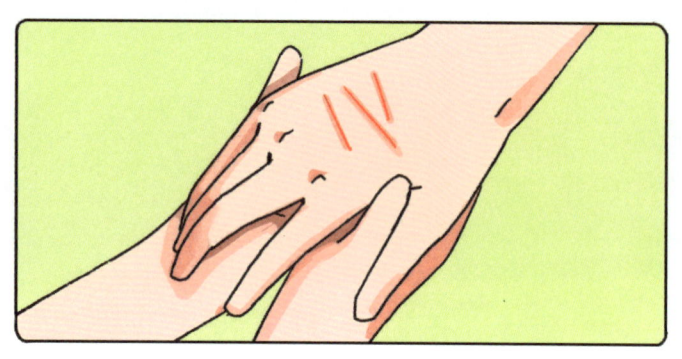

原来,爸爸路过假山时,遇到了貉仔。貉仔刚从一次争食大战中败下阵来,脸上伤痕累累。貉仔闻到了鸡腿味,又闻到了淡淡的米娅和小Q的气味。于是,饥肠辘辘的它不顾三七二十一,径直向爸爸扑了上去!爸爸下意识地一抽手,手就被貉仔抓出了几道伤口。

"赶快去医院打狂犬疫苗啊!"妈妈着急地说,而米娅还处在不知所措的震惊中。

貉可能传播的疾病

理论上,作为犬科动物,貉是狂犬病的潜在宿主,还可能携带犬瘟热病毒、犬细小病毒、疥螨等。但是,貉在这方面造成的风险不会比小区里的流浪狗、流浪猫更高。许多城市野生动物都可能携带并传播传染病。

狂犬病
宿主:几乎所有温血动物,尤其是猫、狗等宠物
症状:极度兴奋、狂躁、流口水、意识丧失,最终因局部或全身麻痹而死亡

犬瘟热
宿主:犬科动物、鼬科动物、一部分浣熊科动物等
症状:常表现为咳嗽、呕吐、腹泻、抽搐,严重的会因脱水和衰弱而死

犬细小病毒感染
宿主:犬科动物
症状:肠炎、心肌炎

疥螨
宿主:哺乳动物(皮肤上)
症状:强烈的瘙痒、脱毛和湿疹性皮炎

米娅爸爸最后安然无事,但貉抓伤人一事在小区里掀起轩然大波。一时间,林草部门、新闻媒体、动物保护组织、高校科研团队等都来到了米娅的小区。这件事不仅成为了一则社会新闻,还促成了一项科研课题。

经过科研人员的一番"貉口调查",人们发现,在20公顷的小区内,竟然住着85只貉,是野外貉种群密度的数十倍之多!

那些本来就对貉充满戒备的居民们希望专业人士把这些貉都赶出去:"这可是住人的地方。"有些情绪激动的居民甚至提出:"用老鼠药把它们毒死吧!"

"不行!这可不行!貉是国家二级保护动物。"科研人员王老师回应道。

如何调查小区里貉的数量

应用样线法可以估算出小区里貉的数量。

根据专业人员提前设计好的路线（样线），在貉最常出没的晚上，观察并记录样线两侧 10 米范围内貉的数量。收集到的数据经过科研人员的统计处理，就能得到小区里的大致"貉口"。

　　米娅从来没有想到,因为一只貉的出现和她善意的帮助,事情会发展到今天这个地步。她主动把她和貉仔之间发生的一切告诉了王老师。

　　米娅不明白,是从哪一步开始,事情变得越来越糟的?

　　"米娅,你是个很有爱心的小朋友。当然,我也相信你能够和貉仔对话。但是,并不是所有人都能和貉交流的。你和小Q将食物与貉分享,让貉误以为所有的人都像你一样,愿意把食物无条件地给它们。当人们不给的时候,已经习惯被人类投喂的它们就选择抢了。"

　　米娅这才明白,自己的好心办了坏事。

投喂野生动物带来的危害

以城市里的貉为例，投喂野生动物带来的危害包括：改变动物的行为，影响它们的正常觅食；导致种群泛滥，引起争斗并可能的传染疾病；动物会生活在紧张中，攻击性变强；高油高糖高盐的人类食物会大大影响动物的健康。对待城市里的野生动物，我们应该不害怕、不投喂、不接触、不伤害。

不害怕

不投喂

不接触

不伤害

米娅知道，真正的勇敢是敢于直面自己的错误。她找到了貉仔，对它说："这儿是我们的社区，当然这儿也可以成为你的家。我们就像是一个班上的同学，我可以借你橡皮、借你铅笔，但是我不能帮你做作业，更不能帮你考试。"

貉仔听不懂米娅的话，它不懂橡皮、铅笔，更不懂作业和考试。它困惑地看着米娅，不知所措。

"貉仔，以后你得靠自己的努力生存下去了！但是只要你遇到危险，比如卡到什么缝隙中或者不小心受伤，我一定还会来救你！"说罢，米娅把一个与神奇手表相连的项圈戴到了貉仔的脖子上。这是米娅给貉仔最后的礼物。

 卫星定位项圈

在跟踪和研究野生动物时,科学家们会给部分个体戴上卫星定位项圈。这种项圈不会对野生动物的生存和生活造成较大的影响,但对科研工作有着巨大帮助!它们就像是科学家们安在野生动物身上的一双"千里眼"。这双"千里眼"覆盖范围广,精度高,不受时间、地点、气候、地理环境等限制。

那天晚上，米娅躺在床上，翻来覆去睡不着。她想：如果小区里还有那么多猫粮狗粮，貉们肯定都不愿意离去。所以，清理遍地的猫粮狗粮才是关键！对了！还有湿垃圾！

第二天放学后，米娅把假山附近的食物都清理干净了。她还守在假山附近，制止人们投喂。

米娅再次遇到了王老师的团队。他们正在假山附近竖起"请勿投喂"的告示牌，分发有关貉的科普宣传册，还在貉仔的洞口附近装上了红外摄像头。王老师告诉米娅："当貉没有了唾手可得的食物，它们会逐渐恢复自然的生活状态，主动觅食。如果没有人主动给貉提供食物，貉可能又会变得谨慎起来。它们可聪明着呢！"

"原来，貉的行为取决于我们的行为！"米娅恍然大悟。

从那天起,米娅加入了王老师的团队,成为了一名小小"公民科学家",承担一些简单的调查科研任务。

日子一天天过去。渐渐地,小区恢复了往日的平静。小区里的貉已经少了许多。还留下的几只貉,默默生活在人们看不到的地方。然而米娅知道,貉仔一家还在。每天,神奇手表从傍晚开始便会发出一闪一闪的光芒,那是貉仔幸福生活的信号。

一个周末傍晚,米娅在她那本厚厚的笔记本上记下了她今天所观察到的各种城市动物的数据。忽然,她想画一幅画,画里有林立的房屋,还有那些曾经出现在她梦境中的可爱生灵们。

公民科学

公民科学是指公众参与科学研究的一种方式,通常是指公众成员参与收集、分类、记录或分析科学数据的项目。公民科学的目的是通过公众参与,提高公众对科学的认识和理解,同时也可以为科学研究提供更多的数据和资源。

图书在版编目（CIP）数据

我的貉邻居/倪闽景主编.—上海：上海科技教育出版社，2023.12

("院士带你去探索"科普绘本)

ISBN 978-7-5428-8076-5

I. ①我… II. ①倪… III. ①貉—儿童读物 IV. ①Q959.838-49

中国国家版本馆CIP数据核字（2023）第244781号

丛书主编　倪闽景
执行主编　宋　娴

院士带你去探索（第三辑）

我的貉邻居
WO DE HELINJU

科学顾问　王　放
作　　者　章佳敏　王　放
绘　　图　美丽科学

责任编辑　程　着
装帧设计　李梦雪
本册绘图　王鸿涛　张报晖　张嘉君

出版发行　上海科技教育出版社有限公司
　　　　　（上海市闵行区号景路159弄A座8楼　邮政编码201101）
网　　址　www.ewen.co　www.sste.com
经　　销　各地新华书店
印　　刷　上海华顿书刊印刷有限公司
开　　本　889×1194　1/16
印　　张　3.5
版　　次　2023年12月第1版
印　　次　2023年12月第1次印刷
书　　号　ISBN 978-7-5428-8076-5/G·4816
定　　价　38.00元